动物的一天：大猫、虫虫和鲨鱼，从早到晚忙什么？

鲨鱼的一天

[美] 卡莉·杰克逊 / 著　　[印度] 查娅·普拉巴特 / 绘

裴黎璟 / 译

中信出版集团 | 北京

目 录

欢迎来到
<u>鲨鱼</u>的世界！

<u>鲨鱼</u>是我最喜欢的动物！在我还是一个小孩子的时候，我就被鲨鱼深深迷住了。对<u>鲨鱼</u>和它们的超级能力了解愈多，对它们便愈发感兴趣。好奇心甚至让我神奇地克服了对它们的畏惧。现在，我成了一名海洋生物学家，终于可以近距离地研究鲨鱼了。

在广袤无际的海洋中，有超过 500 种不同种类的<u>鲨鱼</u>在自由游弋。它们相貌奇特，五颜六色，大小各异。而每一年我们都还在发现新的种类！作为一名研究鲨鱼的科学家，我在船上度过了漫长的时光来观察这种奇妙的生物。我除了尽可能去研究鲨鱼，还研究人类行为会如何影响鲨鱼的生存环境。有许多种类的鲨鱼已经濒临灭绝，我们对影响鲨鱼的行为了解得越深入，就越能更好地保护它们。

作为一名研究鲨鱼的科学家，我的另一个职责是为这些被人误解的动物发声。很多人都以为鲨鱼是无脑的杀戮机器，这我可不同意。鲨鱼可聪明了，它们所生活的水下世界也充满了神秘、激情，变化莫测。我们将在这本书中环游世界，见识一下鲨鱼们不为人知的一面，同时一起看看<u>鲨鱼</u>整天都在忙些什么。

卡莉·杰克逊

来看看这只大鲨鱼

鲨鱼与鳐鱼同属于板鳃类。尽管鲨鱼家族中成员众多，不同种类的鲨鱼之间还是拥有一些共同特征的。现在让我们来看看这种水下掠食者的秘密武器吧。

背鳍

鲨鱼的背鳍帮助鲨鱼在游动时保持平衡和直立。

尾鳍

鲨鱼的尾鳍推动鲨鱼前行。鲨鱼的运动通常是从尾部开始的！

反荫蔽

有些鲨鱼的腹部颜色较浅，而背部颜色较深，这叫作反荫蔽。反荫蔽有助于鲨鱼从下方出其不意地袭击它们的猎物。

胸鳍

鲨鱼的胸鳍就像飞机的机翼一样用于控制方向，它们帮助鲨鱼在水中保持平衡。

所有的鲨鱼都是鱼，但并非所有的鱼都是鲨鱼！

眼睛

鲨鱼的视力很好。鲨鱼眼睛的大小和形状取决于它们的种类和生活的水域。

鼻孔

鲨鱼有非常灵敏的嗅觉。位于鲨鱼吻部的鼻孔可以帮助它们在水下探寻气味。

牙齿

鲨鱼有好几排牙齿，它们可以源源不绝地更新换代。一旦前排的牙齿掉了，后排的牙齿就会像传送带上的物品一样往前移动，替补脱落的牙齿！

劳伦氏壶腹

鲨鱼的吻部覆盖着细小的、内含黏液的小孔，像雀斑一样密密麻麻排列着。这些黑点叫作"劳伦氏壶腹"，可以让鲨鱼感知猎物发出的电磁场。

鳃裂

鲨鱼通过鳃裂呼吸。鲨鱼游动的时候，海水会进入鳃裂中。鳃裂中的血管吸收其中的氧气，然后将它输送到鲨鱼全身。

骨骼

和人类的耳朵、鼻子一样，鲨鱼的骨骼也是由软骨构成的。软骨比硬骨更加柔韧、轻巧、富有弹性。软骨可以让鲨鱼更省力地悬浮在水中，更快地在水中游动。

嘴大吃八方

鲨鱼已经在地球的海洋里遨游了超过 4 亿年，这些生物存在的时间甚至比树还要久远！种类多是它们在漫长岁月中得以幸存的诀窍，这意味着在全球海洋的每个角落，都生活着各种各样的鲨鱼。

我们的这一天从爱尔兰海滩开始，在这儿，我们与一只落单的姥鲨迎面相遇。她正慢慢游过澄清的海水。

姥鲨游得很慢。

姥鲨是世界上体形第二大的鱼类，它们可以长得像卡车那么大！而它们最喜欢的食物却是十分细小，甚至要用显微镜才能看到的浮游生物。突然，我们的这只姥鲨张开大嘴，形成一张巨大的网来捕食浮游生物，人们把这叫作滤食。姥鲨会这样张着大嘴游来游去，直到饱足为止。

与此同时……

一只铰口鲨在一片珊瑚下找到了一个惬意的栖息之所，她计划在这里舒舒服服地睡上一天。

特殊的感应器遍
布鲨鱼的头部。

无沟双髻鲨是
双髻鲨中体形
最大的一种。

双髻鲨对刺虹

一只庞大的双髻鲨正在加勒比海地区的巴哈马群岛水域优雅地游着，寻找着她的猎物。双髻鲨长着高高的背鳍、修长而肌肉发达的身体，这些先天条件使她成为这片海域的统治者。她在海床的沙中短促而敏捷地左右摆动锤头形的脑袋——头翼，搜索她最喜欢的食物——刺虹。

像所有鲨鱼一样，这只双髻鲨也有一种叫劳伦氏壶腹的特殊器官，它们就像黑色雀斑一样遍布她的脸上。这个器官能帮助她侦测到刺虹产生的电场。她简直就像是一只游走的探测器！

就在不远处，一只刺虹正把自己埋在沙里休息。嘭！双髻鲨感觉到刺虹在沙子中的动静，立刻转头过来，想要一探究竟。信号越来越强，双髻鲨紧紧追踪着线索。她发现了那只刺虹！第一口美味近在咫尺……

10:00

极速魔鬼

在无边无垠的海洋里，没有什么生物可以与灰鲭鲨比拼速度，它们可是世界上最快的鲨鱼。灰鲭鲨的吻部又长又尖，巨大的尾鳍肌肉发达，从头到尾像一颗天然的鱼雷，简直是为获得水下的最快游速而生的。这恰到好处，因为灰鲭鲨喜欢吃的鱼类也往往是游泳健将。

这只灰鲭鲨开始加速。她的前方是一群金枪鱼，同样属于海洋里游速最快的那些家伙。灰鲭鲨用力地甩动几下鱼尾，赶上了它们。金枪鱼的确很快，而灰鲭鲨更胜一筹。等金枪鱼们意识到灰鲭鲨正混迹其中，已经太晚了。咔嚓一声巨响，金枪鱼们失去了它们的一个小伙伴！

奔向红树林

这是一片温暖的浅海水域，在巴哈马群岛最西端的比米尼岛，一名年轻的猎手正好奇地探索着这个对她来说新鲜无比的世界。这是一只刚刚出生几周的柠檬鲨。鲨鱼一出生就具备了捕食的能力，它们不需要鲨鱼妈妈的帮助。这头柠檬鲨目前只有一个问题：她还太小，要想长大还需时日。

在浅滩附近出没的还有一群梭鱼。同样是捕食者，梭鱼可比这只幼鲨的块头大多了。我们的柠檬鲨宝宝要尽快找到一个庇护所，才能避免成为梭鱼餐桌上的一道美食。

不远处是一片红树林。红树林长长的根条像高跷一般伸进浅水区。大块头的捕食者可无法进入这盘根错节的迷宫，因此红树林便成为柠檬鲨躲避大型敌人的好去处。我们的小家伙全力以赴地游向红树林提供的避风港，期待逃过梭鱼的追捕。终于，她顺利抵达了这片由红树林的树根搭建的藏身之地。她安全了。

与此同时……

姥鲨跃出水面，然后重重地砸向水中，以此来甩掉皮肤上那只让她发痒的寄生虫。

一口好牙

众所周知，鲨鱼长着满口硕大而尖利的牙齿。然而你知道吗？不同种类的鲨鱼的牙齿并不相同。为了更好地享受各自喜爱的美食，它们的牙齿形状大小各异。现在，就让我们来看看这些鲨鱼的大白牙吧！

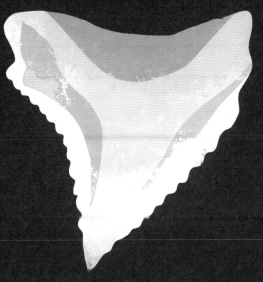

公牛真鲨

公牛真鲨的牙齿和上下颌十分强壮，它们可以轻而易举地咬碎骨头。

鲨鱼在有生之年可以长出几千颗牙齿。

柠檬鲨

与其他鲨鱼一样，柠檬鲨口中也有很多排牙齿。如果柠檬鲨掉了一颗牙，会有新牙来替换。柠檬鲨尖尖的牙齿能帮它轻松捕获猎物，然后一口吞下。

铰口鲨

铰口鲨的牙齿很适合咬碎龙虾这类有硬壳的猎物。它的牙齿两侧长有尖尖的凸起，可以牢牢咬住猎物，让它们无法逃离鲨鱼强大的双颌。

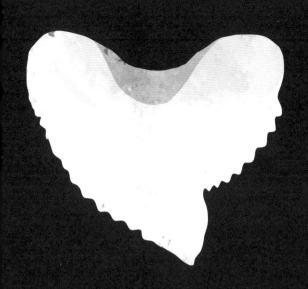

大白鲨

大白鲨拥有所有鲨齿中最令人闻风丧胆的一种。这种扁扁的三角形牙齿边缘有着刀一般锋利的细锯齿，这能让大白鲨轻松地咬穿并且撕开皮肉坚实的猎物，比如海豹。

鼬鲨

鼬鲨的捕食对象多种多样，然而对于它们来说，没有什么东西比海龟更好吃了。鼬鲨的牙齿上有着锯齿状的切缘和 V 形凹槽，使它们可以咬住并碾碎坚硬的海龟壳。

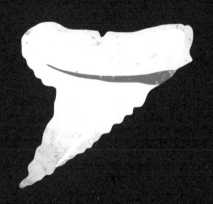

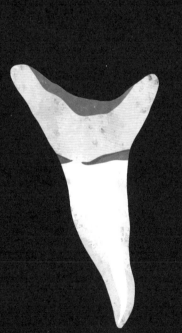

沙虎鲨

沙虎鲨的牙齿呈长而尖的锥状，非常适合咬住表皮光滑的猎物。要知道，鱿鱼和鱼这些美味可是相当滑溜啊！

灰鲭鲨

极速魔鬼灰鲭鲨配备了捕食金枪鱼等快速鱼类的专用牙齿。这些尖利的牙齿让鱼儿们难以逃脱。

无沟双髻鲨

在捕捉刺魟这种又扁又滑的鱼类时，无沟双髻鲨倾斜的三角形牙齿真是得心应手。锯齿状的牙齿边缘十分有助于咬穿猎物坚硬的皮肉。

南非开普敦附近的海豹岛,是世界上为数不多的可以见到大白鲨跃出水面的地方。

鲨口脱险

在靠近南非海岸的水域，有一个挤满海豹的岛屿。海豹们开始感到饿了，它们滑到海水中，组成一支支狩猎小分队。远离了海岛的庇护去捕鱼，海豹们紧紧聚在一起。它们似乎感觉到了危险在逼近。

一个饥肠辘辘的猎手正在浑浊的水中游荡，他在水下密切关注着这些海豹。这是一只大白鲨——海洋上的头号杀手。一只海豹渐渐脱离了队伍，成了大白鲨的目标。鲨鱼自下而上发起进攻，他跃出水面，朝这只海豹咬去。嗖！海豹躲过了鲨鱼的大嘴，赶上了队伍，差一点儿葬身鱼腹。海豹们集体返回它们在海岛的家，而这只没得逞的大白鲨将在不久后卷土重来。

美梦中断

在中美洲的伯利兹海岸边，几个潜泳者正在一片珊瑚礁上浮潜。这里是中美洲珊瑚礁的一部分，属于世界第二大珊瑚礁群。这里景色宜人，有五颜六色的鱼类、珊瑚，以及出没在珊瑚间的其他海洋生物，让潜游者有种在水族馆漫游的感觉。这里也是一个喜欢睡觉的猎手——一只铰口鲨的家园。这只鲨鱼在礁石下找到了一个安全舒服的地方，正在打盹儿。她是夜行动物，这意味着她喜欢在白天睡大觉，在夜里活动。

铰口鲨是鲨鱼家族中的异类，它们生活在海底，一睡就是好几个小时。它们的呼吸采用一种叫作"口腔抽吸"的方式：用嘴来吸水，然后用鳃排水。

潜泳者看到礁石下伸出的一条尾巴。他们游得近些去一探究竟——竟然是条鲨鱼！我们的铰口鲨感觉到潜泳者，她从睡梦中惊醒，然后便游走了，去重新寻找一个地方，继续被中断的美梦。

14:00

柠檬鲨因为皮肤的颜色
与柠檬相似而得名。

结伴狩猎

时针指向下午 2 点，年幼的柠檬鲨饿了，她决定离开红树林的庇护去寻找食物。周围很安全，没有其他捕食者在附近游荡！柠檬鲨小心翼翼地从红树林的树根间钻出来，游向开阔的海域。

在狩猎过程中，我们的柠檬鲨遇到了很多年幼的同类，也许是她的兄弟姐妹吧。这些小鲨鱼们深知团结就是力量，他们一同游向海草丛生的海底，去搜寻下一顿晚餐。个头大的鲨鱼会当领队，带领小家伙们一同狩猎。幼鲨要尽可能地多吃、快吃，快快长大，这样才能从梭鱼这类捕食者的嘴下获得更多生存的机会。

与此同时……

一条窄头双髻鲨刚刚享用了午餐。真是美味！鱿鱼是窄头双髻鲨最喜欢的食物之一，看来他这次的运气还不错！

19

会走路的鲨鱼

下午的澳大利亚海岸正在落潮。一只肩章鲨为了这一刻已等候多时，这是捕猎的最佳时机。落潮将海水暂时抽离海岸，而留在礁石中的水则形成了一个个潮汐池。这里便是肩章鲨的狩猎基地。

几小时之前，这只肩章鲨还在水下的岩石间游动，现在他已经完全露出了水面。不过别担心，肩章鲨可以在水外生存达一小时。露出水面后，肩章鲨开始扑棱着巨大的鳍部在潮汐池里走来走去，寻找下一顿食物。他用胸鳍和腹鳍推动自己左右摇摆着前进。而搁浅在潮汐池中的猎物对于肩章鲨来说简直是瓮中之鳖，它们无路可逃。

海洋里的家

鲨鱼已经适应了各种各样的生态环境，无论是黑暗冰冷的深海，还是温暖的热带浅海，鲨鱼的踪迹无处不在。几乎是有海的地方，就有鲨鱼。现在让我们来瞧瞧几种鲨鱼的栖息地。

远洋

远离海岸的开阔海域纵横数千千米，这里被称作远洋带，是一片无边无际的蓝色水域。生活在这里的鲨鱼被称作远洋鲨鱼。这些鲨鱼不停地在海中遨游，数千千米都不会遇到一片陆地。

珊瑚礁

珊瑚礁被称作"海洋的热带雨林"，是世界上最多元的海洋生物栖息地。正因为这里有丰富多样的食物，许多不同种类的鲨鱼都以这美丽的水下"建筑"为家。

人工鱼礁

沉船、坠机碎片，以及……坠入海中的汽车？这些落入海中的人造物品，构成了人工鱼礁。随着岁月流逝，鱼群和鲨鱼聚集过来，把这里当作它们的栖息地。人工鱼礁是潜游者们的乐园。

巨藻森林

这种高高的绿色和褐色的海藻，被称为巨藻，在沿岸海域冰冷的海水中形成茂盛的海底森林。那些狡黠的鲨鱼捕食时，巨藻为它们提供了极好的掩护。

红树林

红树林是在咸水中生长的大片树木。在温暖的浅水中，红树林发达的根系为小型水生动物提供了天然的庇护所。这一栖息地对鲨鱼宝宝来说非常重要。

捕食者之战

大白鲨是打遍海上无敌手的霸主，对不对？遗憾的是，不对。我们的大白鲨还在为早些时候捕捉海豹时遭遇的挫折而沮丧，此刻他在近南非海岸的水域巡游。也许这次会时来运转，晚饭能有着落。

不幸的是，他并不是在这一带觅食的唯一顶级猎手。突然，一种恐惧感笼罩了大白鲨。远处传来遥远却真切的声响，一群虎鲸正在逼近。

虎鲸，又被称作杀人鲸，它们是一群聪明而体格强大的捕食动物，会有组织、有技巧地团队作战。虎鲸可以长得比大白鲨大很多，甚至以攻击和猎食大白鲨而闻名。大白鲨的本能告诉他，此处不宜久留，于是他立刻改道，迅速从这里撤离。既然这一带已经不再安全，这只大白鲨恐怕会从这里销声匿迹长达一年之久。

虎鲸捕食大白鲨
为的是它们富含
蛋白质的肝脏。

25

上钩

这天傍晚，灰鲭鲨正在这片开阔的海域畅游，突然她嗅到附近有一丝隐隐可辨的气味。灰鲭鲨的视线捕捉到一条正从容地悬浮在水中的鱼，这送到嘴边的美味可不能放走。咔嚓！她咬了一口。等等，有什么东西卡在她嘴里了。紧接着，她就被拖出了水面。

一群海洋生物学家正在水面一艘飘飘荡荡的船上，他们要把一个卫星跟踪器挂在这只灰鲭鲨身上，借此追踪她在海洋里的运动轨迹，来研究她的生活习性。海洋生物学家们将这只灰鲭鲨拉到船边，确保她能在水中自在呼吸。科学家们迅速测量了这只灰鲭鲨的大小，采集了血样和一小块皮肤，用于实验室研究。最后，科学家把一只卫星追踪器挂在了她的背鳍上，将她放回大海。灰鲭鲨重获自由，迅速消失得无影无踪。

科学家们使用一种特殊的环形鱼钩来捕鲨，这种鱼钩对于鲨鱼来说更安全。

卫星跟踪器可以持续工作数年，而且不会干扰到鲨鱼的正常生活。

鲨鱼宝宝

在大西洋的西南部水域，一只巨大的沙虎鲨缓缓地游在浑浊的海水中。她的嘴上挂着一抹挥之不去的笑意，露出成排的锋利牙齿。鲨鱼的肚子圆滚滚的，这可不是因为她吃得太饱。她怀孕了，并将在几个星期内分娩，产下鲨鱼宝宝。

雌性沙虎鲨有两个子宫，而在每一个子宫里，都有一场你死我活的斗争在幼鲨间展开。在怀孕初期，沙虎鲨子宫中会有 12 个以上的幼鲨宝宝，但到了现在，每个子宫里只有四五只幼鲨存活。兄弟姐妹在同类相食！鲨鱼妈妈的腹部成了兄弟姐妹自相残杀的战场。

母鲨子宫中个头最大的幼鲨宝宝开始摄食母亲腹中未受精的卵子，然后慢慢从体形上拉开与兄弟姐妹们的距离。幼鲨需要长得足够大，才能在出生后保护好自己。子宫中只有最强壮的幼鲨才能顺利降生。

雌性沙虎鲨有两个子宫，因此她将生出两只活着的幼鲨。

29

另类鲨鱼

一只窄头双髻鲨在佛罗里达沿岸温暖的海水中游荡，这是双髻鲨中体形最小的种类。他迅速地游过浅浅的海床，左右摇晃着脑袋，打算在沙里找几只螃蟹或鱿鱼吃吃。

在水底的寻觅一无所获，窄头双髻鲨转向海草草甸继续觅食。在海草中，生活着许多可以供鲨鱼解馋的小型海洋生物。他找到了一只小螃蟹，咬了一口，真好吃啊！然而，用这个来填饱肚子可远远不够。于是，这只鲨鱼开始啃咬他的主菜——海草。窄头双髻鲨不同于别的鲨鱼，它们是杂食性动物，这意味着它们什么都吃，而丰盛可口的海草使这顿晚饭变得圆满。

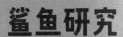

鲨鱼的皮肤

鲨鱼的皮肤上有非常微小的齿状鳞片，被称为盾鳞。这些鳞片使鲨鱼的皮肤摸起来像砂纸一般粗糙。正如鲨鱼多种多样，它们的鳞片也千差万别，不同的鳞片发挥着各自奇妙又独特的功能。

铰口鲨

正如前面我们讲到的，铰口鲨喜欢在珊瑚和礁石下小憩。铰口鲨的鳞片平滑、厚实而且坚硬，这让铰口鲨可以安全地游弋于棱角分明的岩石和礁石之间。

鼬鲨

鼬鲨长着非常尖锐的盾鳞。这些鳞片能保护鼬鲨不被粗砺的海底沙地刮伤，也阻止了恼人的寄生虫轻易地附着在鼬鲨的皮肤上。即便其他鲨鱼咬了鼬鲨一口，它们也占不了太多便宜。

灰鲭鲨

对于灰鲭鲨来说，速度就是一切。它们的盾鳞细长狭窄，有助于灰鲭鲨飞速地在水中穿梭。

铰口鲨
开始猎食

落日西沉，铰口鲨从她的（第二张）礁石小床上醒来。尽管那些潜游者
扰了她的清梦，她依然饱饱睡了一觉。明月东升，礁石一带陷入沉寂。
许多鱼类已经争先恐后游向更安全的栖息地，准备度过一个安宁的夜晚，
而我们的铰口鲨的一天才刚刚开始。

天色渐黑，而铰口鲨在夜晚的视力并不好。不过我们的铰口鲨可不需要用眼睛来看，她的鼻孔下长有胡须一般的触须，可以帮助她感知藏在沙下的潜在猎物。她察觉到一丝气味，感觉到一只巨大的海螺正游过她的头顶。

星光晚餐

海洋上波光粼粼，映出繁星点点和一轮明月。海天一色中，一只温柔的庞然大物正在进食。这是一只鲸鲨——海洋中体积最大的鱼类。

尽管有着如同校车般的庞大身躯，鲸鲨却以海洋中最小的动物——细小的浮游生物——为食。浮游生物体积微小，随波逐流，处在食物链的底端。

与姥鲨一样，鲸鲨也是滤食动物。鲸鲨没有牙齿来咀嚼食物，而是张着大嘴在海洋中游动，将海水吸入嘴中，再由鳃排出，通过过滤器官将浮游生物留下。鲸鲨需要摄食大量的浮游生物才能吃饱，这顿星光下的晚餐将持续几个小时。

浮游生物

嘘，危险！

夜幕降临，潮水又回到了澳大利亚的礁石海岸。海水灌进了潮汐池，这块地方再次被淹没在水中。既然如此，我们的肩章鲨从"步行"回归游水。肩章鲨在岩石礁中游啊游，为过夜寻找一个好去处。远远地，肩章鲨望见一个不错的角落，便用胸鳍行走过水底沙地去一探究竟。对于肩章鲨来说，在水下行走可比在陆地行走轻松多了！突然，鲨鱼预感到危险降临，他立刻躲到了最近的一片珊瑚丛下。在这片水域，肩章鲨并不处于食物链顶端，

这里每 24 小时
会有两次涨潮
和两次落潮。

23:00　夜宵饼干

夜深了，一些面貌奇特的海洋生物开始登台亮相，其中就包括体形娇小却威力十足的雪茄达摩鲨。月渐高升，雪茄达摩鲨从黑暗冰冷的海洋深处浮出，来到近水面的浅水层，这里是他的狩猎场。这只小鲨鱼得意扬扬地展示着他宽大的环形双颌和满嘴剃刀般尖利的牙齿，他要寻找一只肥美的猎物来解解馋。

雪茄达摩鲨通过身体发光来引诱猎物，他长着发光的绿色眼睛和发光的

腹部。一只毫无防备的海豚游入
这个区域。尽管它的体形是这只
鲨鱼的好几倍，但依然算得上鲨
鱼的完美猎物。雪茄达摩鲨游向
海豚，他凑过去，将牙齿深深插
入海豚肥美的脂肪。然后他回旋
身体，切下一块饼干形状的肉，"饼
切鲨"（cookiecutter shark）的名
号便由此而来。返回深海之前，
今夜他还将进行好几轮狩猎。

与此同时……

沙虎鲨顺利地产下两只健康的
鲨鱼宝宝。经过子宫里的同类
相食后，这两头幼鲨如今身强
力壮，为称霸海洋做好了准备。

图书在版编目（CIP）数据

鲨鱼的一天 /（美）卡莉·杰克逊著；（印）查娅·
普拉巴特绘；裴黎璟译 . -- 北京：中信出版社，
2022.7
　（动物的一天：大猫、虫虫和鲨鱼，从早到晚忙什
么？）
　书名原文：A Day in the Life: Sharks
　ISBN 978-7-5217-4371-5

　Ⅰ . ①鲨… Ⅱ . ①卡… ②查… ③裴… Ⅲ . ①鲨鱼—
儿童读物 Ⅳ . ① Q959.41-49

中国版本图书馆 CIP 数据核字（2022）第 077154 号

A Day in the Life: Sharks by Carlee Jackson, Chaaya Prabhat

Copyright © 2022 St. Martin's Press

First published 2022 by Neon Squid a division of Macmillan Publishers International Limited

Simplified Chinese translation copyright © 2022 by CITIC Press Corporation

ALL RIGHTS RESERVED
本书仅限中国大陆地区发行销售

鲨鱼的一天
（动物的一天：大猫、虫虫和鲨鱼，从早到晚忙什么？）

著　　者：[美]卡莉·杰克逊
绘　　者：[印度]查娅·普拉巴特
译　　者：裴黎璟
出版发行：中信出版集团股份有限公司
　　　　　（北京市朝阳区惠新东街甲4号富盛大厦2座 邮编 100029）
承 印 者：北京联兴盛业印刷股份有限公司

开　　本：787mm×1092mm 1/16　　印　张：3　字　数：40千字
版　　次：2022年7月第1版　　　　印　次：2022年7月第1次印刷
京权图字：01-2022-2533　　　　　审 图 号：GS京（2022）0220号
书　　号：ISBN 978-7-5217-4371-5
定　　价：78.00元（全3册）

出　　品：中信儿童书店
图书策划：好奇岛
策划编辑：时　光　　　责任编辑：谢媛媛　　　营销编辑：中信童书营销中心
封面设计：刘潇然　　　内文排版：牛　刚

动物的一天：大猫、虫虫和鲨鱼，从早到晚忙什么？

虫虫的一天

[美] 杰西卡·L. 韦尔 / 著　　[印度] 查娅·普拉巴特 / 绘

裴黎璟 / 译

中信出版集团 | 北京

目录

欢迎来到
虫虫的世界！

我从小就喜欢昆虫。无论是在岸边垂钓时，还是在湖中戏水时，谁不曾被擦肩飞过的多姿多彩的蜻蜓吸引呢？现在，我成了一名在纽约的美国自然历史博物馆工作的科学家，终于能整天沉浸在蜻蜓、豆娘、白蚁、蟑螂，以及其他各类虫虫的世界里了。

作为一名昆虫学家，我可以环游世界，去观察昆虫们如何自由自在地生活在它们的栖息地。它们有的在冰天雪地的极地苔原，有的在靠近赤道的热带雨林。我们目前已知的昆虫超过100万种，而等待被我们发现的还有很多很多。有些昆虫是天生的猎手，它们靠猎食其他昆虫生存，而有些昆虫则是猎物，熟练掌握种种逃避天敌的技巧。昆虫的世界充满了竞争与合作、盛宴与饥荒、强取豪夺和唯唯诺诺。

近距离地观察昆虫，我们会看到一个从早到晚都充满了奇幻冒险的世界。接下来，我们将用一整天的时间跟着这些虫虫，看看它们到底在忙些什么！

杰西卡·L.韦尔博士

07:00

晒晒太阳

在北美的一个池塘边，一只峻伟蜓开启了他的一天。他紧紧地依附在一根芦苇上，翅膀上露珠闪耀。随着朝阳冉冉升起，蜻蜓暖和过来了，他振动翅膀，抖掉上面残留的露珠，身体的颜色渐渐从深紫变成明亮的蓝色。他扑扇着翅膀腾空而起，在池塘上空低旋，寻找可以当作早餐的食物。

前方，几只苍蝇正在一片荷叶上营营盘旋，饥肠辘辘的蜻蜓径直赶了过去。突然间，水花四溅，一只蛙一跃而起！它黏糊糊的舌头朝蜻蜓射去，蜻蜓左扑右闪，灵巧地躲避着蛙的追捕。没有得逞的蛙扑通一声回到水下，它懂得来日方长。

请君入瓮

长大后，蚁狮
会长出翅膀。

一只蚂蚁正在北非的沙地上慢悠悠地爬着，完全没有意识到危险近在眼前。它从容地前行，与此同时，缓缓升起的朝阳将它的影子投到一个深深的沙坑边缘。

沙坑的下面，若隐若现地埋伏着一只年轻的蚁狮——一种以捕食蚂蚁著称的昆虫。蚁狮急不可耐地摇晃着腿，张大嘴巴，等候猎物自投罗网。这只蚂蚁稍有不慎，就会成为蚁狮的盘中餐。蚂蚁埋头向前爬着，不知不觉走到了沙坑边缘，它脚底一滑，便掉落下去。蚁狮赶忙冲着蚂蚁丢撒沙子，使它更难爬上去。

最后，蚁狮伸出镰刀形大颚，抓住蚂蚁，尽情享用了这顿大餐。短短几分钟后，蚂蚁就被吃得尸骨无存了，而蚁狮则开始忙着为接下来的午餐布下新的陷阱。

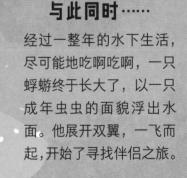

与此同时……

经过一整年的水下生活，尽可能地吃啊吃啊，一只蜉蝣终于长大了，以一只成年虫虫的面貌浮出水面。他展开双翼，一飞而起，开始了寻找伴侣之旅。

破茧而出

在马达加斯加岛的丛林里，远离非洲大陆的地方，一只雌性马达加斯加彗尾天蚕蛾破茧而出，与这个世界相见。就在几个月前，她还是一只毛毛虫，呼哧呼哧地咀嚼着沿途的树叶。随后，她在树枝上吐丝结茧，蜷缩在茧中，静候她的成人仪式——破茧成蛾。

刚刚从茧里钻出来时，彗尾天蚕蛾新长出的翅膀潮湿又脆弱。她紧紧地抓住茧的外部来风干自己，等待着翅膀变得结实起来，蓄积飞翔的气力。在阳光的沐浴中，她渐渐暖和过来，试探地慢慢扑扇着翅膀。彗尾天蚕蛾在短暂的一生中，大多数时间都在作为一条毛毛虫生活，等到成年时，她只剩下几天生命。她需要抓紧时间来求偶和繁衍后代。然而，这片丛林里危机四伏，这只彗尾天蚕蛾还是小心为妙……

彗尾天蚕蛾在毛毛虫阶段只有一项任务——吃得越多越好。

彗尾天蚕蛾的茧上有小孔，有可能是为了在下雨时便于排水。

成蛹三个月后，成年彗尾
天蚕蛾便羽化出来。

翅之光

有些昆虫的翅膀小巧玲珑，有些昆虫的翅膀则是它们身体的数倍之巨。昆虫翅膀的用途千奇百怪，不一而足，包括飞行、交流和伪装。

膜翅

蜻蜓的翅膀是透明的，大量的翅脉使翅膀结实牢固，适合快速飞行。

闪开!

螳螂的后翅上有着巨大的黑色斑纹。螳螂展开翅膀后，它的身形在视觉上会变大，从而警告敌人离它远点儿!

虫虫研究

捉迷藏

那片树叶在动吗？叶虫的翅膀看上去跟树叶一模一样，这使它几乎可以完美隐身。

发声

蟋蟀通过摩擦双翅来发出独特的鸣声。

杰作

就像那些彩色的玻璃花窗，这只灯蛾的翅膀上长有错综复杂的颜色和图案，看上去如同一件美术作品。

巨翅

有的昆虫，比如乌桕大蚕蛾，它们的翅膀是如此巨大，显得身体非常小。

盔甲

甲虫薄如蝉翼的后翅是为了飞行而生的，然而它的前翅则硬化成坚硬的鞘翅，在甲虫于树皮和泥土间爬行时，鞘翅可以起到保护作用。

该起飞了

在地下度过整个幼年时期的未来蚁后们，第一次展翅飞行，去寻找它们的伴侣。

甜蜜聚会

在收工归巢的路上，一只小蜜蜂兴致勃勃地向姐妹们描述她飞过湖边时看到的那簇花丛。进入蜂巢后，她跳起舞来！她可不仅仅是因为开心而起舞，也是通过富有节奏的舞步传递秘密信息。

蜜蜂为了采花酿蜜而四处奔忙，寻找鲜花。她们找到适宜的花丛后，便飞回蜂巢，用摇摆舞来描述花丛的方向和位置。这样，她们的姐妹们便可以轻而易举地找到那片花丛，齐心协力采集花粉和花蜜。

蜜蜂会在舞蹈时朝着一个明确的方向摆动身体，从此提示她的姐妹们飞行时需要与太阳保持的特定角度，从而顺利抵达花丛。她还会通过身体摆动的幅度来表示花丛到蜂巢的距离。如果花丛近在咫尺，她就会跳圈圈舞。她的姐妹们会仔细地看着，将方向铭记在心，随即启程。

**蜂群中所有的工蜂都是雌性，
而她们的母亲就是蜂后。**

螳螂大战

在亚洲南部印度尼西亚的森林深处，一只雄性兰花螳螂凝神不动，静若处子。
他那粉色和白色相间的身体使他看上去像一朵盛开的花，完美地融入森林的
环境。突然，这只螳螂所在的植物摇晃起来——另一只雄性螳螂正顺着植物

与此同时……

色彩鲜艳的蝽在它们栖息进食的绿叶上显得十分抢眼。这明亮的颜色在警告鸟类等捕食者：我们可不好吃，请保持距离！

很快，两只螳螂扭动起身体，他们都举起前臂，尽量展开翅膀，试图让自己的体形显得更大，更咄咄逼人。第一只螳螂一步步紧逼他的对手，闯入者权衡了一下自己的胜算，便将翅膀收回腹部，沿着植物的茎匆忙撤退了。

行军之路

南美腹地的一片热带雨林里，切叶蚁们正沿着一根树枝浩浩荡荡地前进。队伍前方，两只工蚁忙着用口器将小型植物的叶子切成一片一片的，然后堆成一摞。

其他切叶蚁纷纷赶到这里，她们拾起树叶碎片，继续沿着树枝向着蚁巢行进。这种蚁类有着超级神力，可以举起自身体重数倍的物体。

烈日当空，切叶蚁们步履匆匆，沿途留下一种叫作外激素的气味信号来为同伴们指引方向。到达蚁穴的门口后，切叶蚁会挤过泥泞的入口，穿过黑暗的隧道，将叶片搬运到堆积区。之后，这些叶片会被分类，运输到巢穴深处的"真菌花园"。

重见天日

周期蝉在地下蛰伏的周期
为13年或17年。

在美国东部，一只周期蝉从树根处破土而出……他那数十亿兄弟姐妹们也在此时重见天日，大有遮天蔽日之势。这只蝉若虫在阳光下感到有些眩晕，这倒不足为奇，毕竟他已经在地下蛰伏了 17 年之久！他顺着树干向上爬，用尖利的爪子牢牢抓住树皮，然后用力撑开外壳，成年蝉就这样爬了出来。而褪下的蝉壳则被留在了树上。他攀附在树干上，小小的红色眼睛与红色的翅脉在棕色树皮的映衬下显得十分醒目。突然，一只冠蓝鸦迅速飞向大树，不请自来地享用了满满一嘴展翅欲飞的虫儿。在这个危机四伏的世界，周期蝉选择数十亿只成虫同时出动，是个让种群得以延续的不错的生存策略。今天，我们的这个朋友便侥幸逃过了被冠蓝鸦吃掉的噩运。

豉甲

豉甲平时会在水面上回旋巡弋。
它们的复眼分成上下两部分——
上半边眼睛探查水面上的情况，
下半边眼睛观察水下的情况。

虫虫研究

游泳健将

如果你仔细观察一片池
塘，就会注意到许多虫虫
正在水面上下忙个不停。
有的甲虫徜徉于水面，有
些则潜入水底寻找食物。

水黾

身体极其轻盈的水黾可以在
水面漫步，它们借助水的表面
张力形成的薄膜在水上滑行。

龙虱

龙虱长着长长的、毛茸茸的后足。当它们想抓点儿蝌蚪当午餐时，这样的后足可以推动它们在水下前行。龙虱还会随身携带一个气泡，相当于氧气罐，帮助它们在水下呼吸。

有的虫虫可以在水下呼吸。

负子蝽

雄性负子蝽在游水时会随身背着自己的宝宝，数十颗卵就整整齐齐地排列在它们的背上。

蝎蝽

蝎蝽，又叫水蝎，但它们其实并非蝎子，只是外形近似而已。这些纤弱的小虫子并不太擅长游泳。

14:00　捕猎开始

这只峻伟蜓正在暖风中盘旋，他需要为一场即将到来的艰苦旅行好好储备脂肪。在长途旅行或者季节性迁徙中，蜻蜓储存的脂肪将为其长距离飞行提供能量。一只蝴蝶低空飞过，在一片美丽的草坪上空翩翩起舞。而我们的蜻蜓则无心欣赏美景，他看到的是一次机会……

蜻蜓有四只翅膀，它可以单独操纵每一只，以达到最好的控制效果。

这只峻伟蜓将目光锁定蝴蝶，以迅雷不及掩耳之势扑向它。他用多毛的足牢牢抓住那只可怜的猎物，接着用大颚尽情撕咬蝴蝶鲜美多汁的腹部。最后，峻伟蜓停在一根树枝上，他依然紧抓蝴蝶，飞快地咬掉那双翅膀，将它们丢在地上。短短几分钟，这顿美餐就结束了。而这只峻伟蜓则一分钟也不肯耽搁，他再次起飞，去寻找更多的养料。

生生不息

一只蝽妈妈低低蹲伏在一根树枝上，保护着一些特别重要的东西。在她的腹部下面，虫卵排列得整整齐齐。从蔚蓝天空向下望去，几乎无法发现这些虫卵。蝽妈妈用身体将宝宝们遮得严严实实。

突然，这只蝽妈妈感到了身下的动静。她挪到一边，一个虫卵上出现了小洞，然后是另一个，接着另一个……不一会儿，宝石一般的小小的若虫便爬出了卵壳，并将卵壳作为它们出生后的第一顿美餐吃掉了。

与此同时……

两只雄性周期蝉通过振动腹部的鼓膜，十分卖力地发出吟唱般的鸣叫。天气很热，而这种虫鸣会消耗很多能量。一只雌性周期蝉循声而来，飞向那只声音更大、更悠长的雄性周期蝉。

蝉妈妈的任务就此完成，她飞走了。蝉的若虫们出于安全的考虑，紧紧地挨在一起，聚集在吃剩的卵壳边。若虫与成虫长得很像，只是小一号。在接下来的几个星期中，它们将经历几次蜕皮，逐渐长到成虫的大小。

你能认出螳螂吗？

螳螂在后

太阳开始西沉，兰花螳螂饿了，暮色降临，他快要失去一天中最好的捕食时机了。螳螂伸出他用于攫取猎物的前足。这些前足上覆盖着细小的毛刺，是令人生畏的武器。这只螳螂在光天化日之下把自己藏起来了——他那粉白相间的色彩，使他看上去如同微风中颤动的兰花花瓣。

一只食蚜蝇炫技般地闪电着陆，在花丛中逡巡，探寻着花蜜。它飞速着陆，使得花朵左右摇摆起来。对于兰花螳螂来说，美味送上门来了。他静静等待着，如同一尊雕像。这样的等待也不过一瞬间。然后，他张开前肢伸向食蚜蝇，不给猎物一丁点儿逃脱的机会。螳螂心满意足地钳住猎物送往自己的嘴边。这只食蚜蝇将是一份完美的晚餐。

搭便车者

不少昆虫和蛛形纲动物通过搭其他动物的便车来旅行。还有一些昆虫则寄生在鸟类、爬行动物、哺乳动物或者其他昆虫身上。

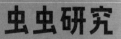

虫虫研究

伪蝎

伪蝎因其体形似蝎得名。它们有时寄居在甲虫身上，以同样寄生在甲虫身上的螨虫为食。

螨虫

这只蜻蜓身上覆盖着一层小红点，看上去很漂亮，然而这些红点实际上是小螨虫，寄生在蜻蜓身上。

寄生虫是一种生活在其他动物体内，或附着于它们体外的生物，它们用这种方式获得自己生存、发育或繁殖所需的营养。

虱子

这只冠蓝鸦的羽毛上有些深色的小点点，那是虱子！雌性虱子依附在羽毛上产卵。虱子离开了宿主是不能长时间存活的。

跳蚤

如果你见到一只猫咪在抓挠自己，它多半是生跳蚤了。跳蚤在毛发中跳跃，用它们尖锐的口器吮吸猫咪的血液。

真菌花园

蚁巢中所有的切叶蚁彼此都是姐妹，她们各有分工。有的切叶蚁在真菌花园里工作，她们的任务就是将工蚁运来的叶片搬运到园子各处。切叶蚁正是用这种方式培育真菌的。这些小姐妹们需要保证蚁巢中有足够的真菌可以享用。在蚁巢中，拥有至高无上地位的是蚁后。

一只切叶蚁在真菌中晃动着她的触角，这是她的感觉器官，然后发现了一些不应该出现的东西：真菌花园中有一片被细菌污染了，这可不应该！

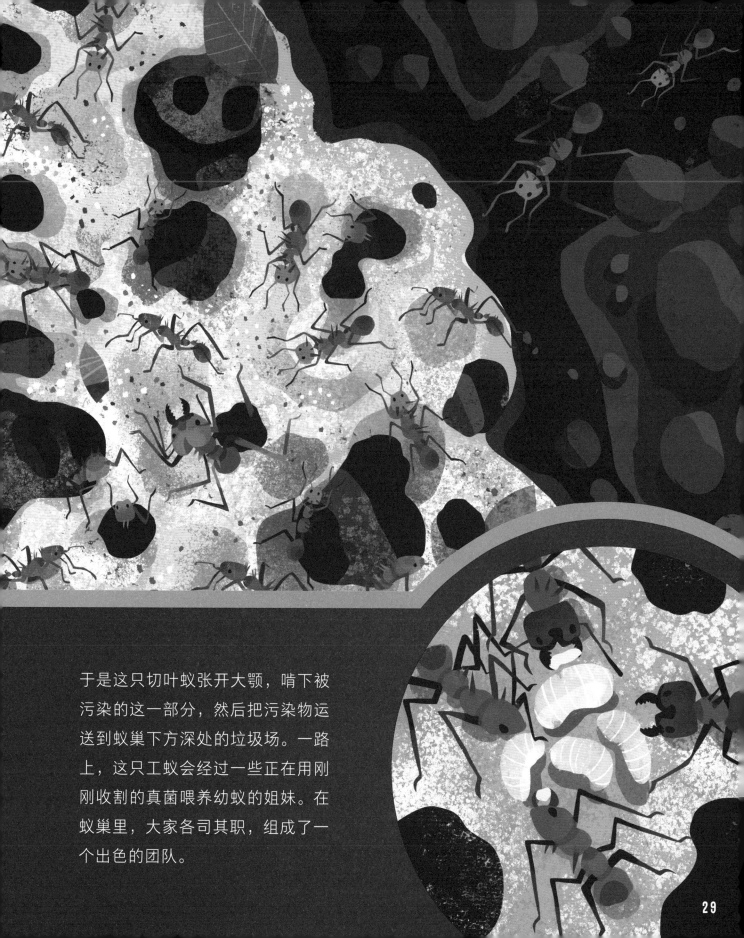

于是这只切叶蚁张开大颚，啃下被污染的这一部分，然后把污染物运送到蚁巢下方深处的垃圾场。一路上，这只工蚁会经过一些正在用刚刚收割的真菌喂养幼蚁的姐妹。在蚁巢里，大家各司其职，组成了一个出色的团队。

蜉蝣婚飞

蜉蝣用于寻找伴侣的时间很短！在生命的大部分时间里，蜉蝣都以稚虫的形态生活在水下，进食，生长。然而此刻，有一只蜉蝣浮出水面，加入天空中成群结队的同伴的行列。他们都有一个共同的目的：求偶。

这只蜉蝣在水面上方翩翩起舞。这片湖水上方密密麻麻地挤满了各种小昆虫和其他蜉蝣。偶尔会有一只硕大的蜻蜓横扫而过，顺便吃掉一只蜉蝣作为晚餐。还好人多势众，我们的小伙伴这次没有成为蜻蜓的口中餐。

在他的周围，找到伴侣的蜉蝣成双成对地沉入水中，繁衍将在明年夏天出生的后代。我们的这只蜉蝣则继续在大团蜉蝣队伍中扑扇着轻薄脆弱的翅膀，跌跌撞撞地，消耗着他在若虫时储存的能量。就在他认为自己将孤独终老时，他撞上了一只雌蜉蝣。他们用腿紧紧抓住对方，为终于找到彼此而欣喜不已。

蜉蝣有着别具一格的飞舞模式。它们冲天一飞，然后翩然降落，周而复始。

蜜蜂之眼

一只小蜜蜂嗡嗡地飞来飞去，在夏夜的晚风中穿梭。夕阳已经稍稍落到地平线以下，余晖反照在花田上。

在普通人的眼里，花田是大片明亮缤纷的色彩。而对于在草地上逡巡的这只小蜜蜂来说，她看到的则是花瓣上的各种图案。这是因为我们的小蜜蜂可以看到紫外线，尤其对蓝色和青色特别敏感。

蜜蜂可以通过花瓣上的图案识别出哪里有最甜的蜂蜜。即使是在高速飞行时，她也可以辨认出不同的花朵，因为她的视觉反应速度是人类的 5 倍。除了一对复眼，她还会使用一种叫作单眼的感光器官来巡视这片草地。终于，她锁定了一个目标，落在花朵上，开始了畅饮。

嗡嗡……

33

城中小虫

如果你以为昆虫只生活在乡村，那可就大错特错了。虫子们与我们同样享受着城市生活。而生活在人类身边也为它们提供了不少便利。

蟑螂

对蟑螂来说，还有什么比垃圾桶更诱人呢？它们会飞快地钻进目光所及的第一只垃圾桶，埋头大嚼残羹剩饭。

飞蛾

飞蛾依靠着月光在夜间飞行。然而它们无法分清月光和电灯发出的光亮。因此，你经常可以看到飞蛾奋不顾身地围着街灯扑腾。

蚂蚁

如果一只蚂蚁发现了一只垃圾桶，那么整个蚁巢的蚂蚁都会知道。蚂蚁们齐心协力，一起将食物运回蚁巢。

蜜蜂

有花蜜的地方就会有蜜蜂。
花园、阳台甚至窗口，都是
它们筑巢的好地方。

马蜂

一定要记住把喝完的汽水罐
放进回收桶。不然的话，你八
成会迎来嗜糖的马蜂的拜访。

瓢虫

城市里的树为许多
昆虫提供了家园。
瓢虫会沿着粗糙的
树皮拾级而上，在
树冠里好好睡一晚。

蟋蟀

这只蟋蟀并没有站在随风摆动
的草叶上，而是选择了栅栏作
为有复古情调的舞台。它放声
歌唱，以期吸引来一位伴侣。

即将启程

这只峻伟蜓正飞过一片沙滩，顺便饱餐了一顿苍蝇，来为接下来的旅行储备能量。这可是非常必要的。我们的蜻蜓正展开一场史诗般的迁徙，他将飞往几百千米外一处温暖的地方去繁衍后代。

在飞越大海的时候，这只蜻蜓升到一定的高度，小心不让海浪打湿他的翅膀。他要去南方靠近海岸线的地方。暖风好助力，推着蜻蜓悠然地滑行，帮他保存体力。这个晚上，海洋上空很寂寥，不怎么见得到鸟类和蝙蝠。我们的蜻蜓加入数十只同伴的迁徙行列。希望他们可以借助团队的力量平安地抵达目的地。

与此同时……
一只雌性蜉蝣漂浮在水面上，她伸开腿，开始产卵。小而结实的虫卵很快沉入水底。

蜻蜓会不时停留在一片植被上休息一小会儿，再吃些昆虫。

点亮夜空

夜色降临，四周一片漆黑。一只雌性萤火虫穿过夏夜热烘烘的空气，飞向

突然，我们的萤火虫看到了她正在寻找的东西：两次闪烁，长久的停顿，然后又是两次闪烁！她立刻响应了：这个"化学反应"使得她的腹部也发出光亮。她向夜空中的雄性萤火虫传达了她的信号：我们是同类！他从夜空飞下来与她相会。她找到了她的伴侣！

39

夜间飞行

马达加斯加彗尾天蚕蛾扑扇着翅膀，奔向广袤的夜空。然而她并不是孤身一人。

一只饥饿的蝙蝠正在捕食。幸运的是，彗尾天蚕蛾有一种别具一格的逃生技能。这一家族的成员都有两对翅膀，而后翅看上去就像两条长长的尾巴。

这只彗尾天蚕蛾在飞行时会转动后翅的末梢，从而干扰蝙蝠用于捕猎的回声系统。蝙蝠会误以为这后翅就是它的美味目标，继而将注意力集中在后翅上。这种彗尾天蚕蛾主要利用前翅的力量来飞行，即使被蝙蝠咬掉了后翅，依然可以在逃生后安然无恙地飞行。而蝙蝠的希望扑了空，它并没有品尝到预期中多汁的美味，只得到了一口干巴巴的翅膀。

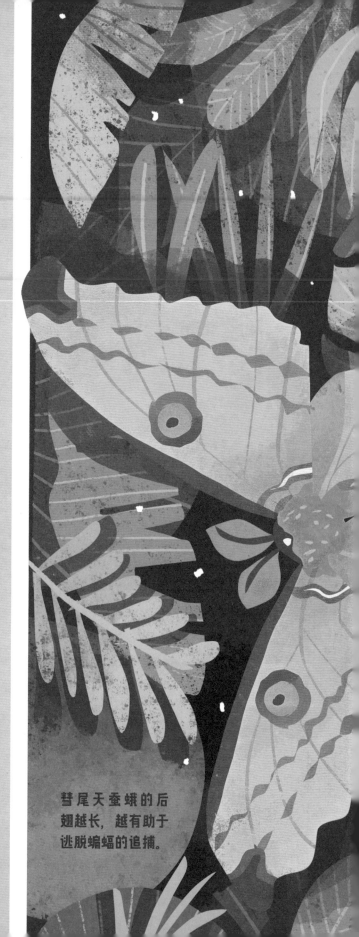

彗尾天蚕蛾的后翅越长，越有助于逃脱蝙蝠的追捕。

目前，人们只在马达加斯加发现了这种彗尾天蚕蛾。

与此同时……

在经过一整天的辛苦觅食之后，我们的小蜜蜂舒舒服服地蜷缩在她的巢室中熟睡着。她要睡足至少五小时。没有充足的睡眠，蜜蜂就会变得行动迟缓，也就不能有效地找到花粉和花蜜了。

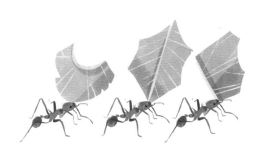

图书在版编目（CIP）数据

虫虫的一天 / (美) 杰西卡·L. 韦尔著；(印) 查娅·普拉巴特绘；裴黎璟译 . -- 北京 : 中信出版社，2022.7

（动物的一天：大猫、虫虫和鲨鱼，从早到晚忙什么？）

书名原文 : A Day in the Life: Bugs

ISBN 978-7-5217-4371-5

Ⅰ . ①虫… Ⅱ . ①杰… ②查… ③裴… Ⅲ . ①昆虫—儿童读物 Ⅳ . ① Q96-49

中国版本图书馆 CIP 数据核字 (2022) 第 077157 号

NEON ◆ SQUID

虫虫的一天

（动物的一天：大猫、虫虫和鲨鱼，从早到晚忙什么？）

著　　者：[美]杰西卡·L. 韦尔
绘　　者：[印度]查娅·普拉巴特
译　　者：裴黎璟
出版发行：中信出版集团股份有限公司
　　　　　（北京市朝阳区惠新东街甲4号富盛大厦2座 邮编 100029）
承 印 者：北京联兴盛业印刷股份有限公司

开　　本：787mm×1092mm 1/16　　印　张：3　　字　数：44千字
版　　次：2022年7月第1版　　　　　印　次：2022年7月第1次印刷
京权图字：01-2022-2533　　　　　　审 图 号：GS京（2022）0220号
书　　号：ISBN 978-7-5217-4371-5
定　　价：78.00元（全3册）

出　　品：中信儿童书店
图书策划：好奇岛
策划编辑：时　光　　责任编辑：谢媛媛　　营销编辑：中信童书营销中心
封面设计：刘潇然　　内文排版：牛　刚

动物的一天：大猫、虫虫和鲨鱼，从早到晚忙什么？

大猫的一天

[美] 泰厄斯·D. 威廉姆斯 / 著　　[印度] 查娅·普拉巴特 / 绘

裴黎璟 / 译

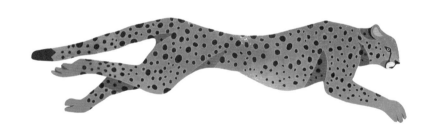

中信出版集团 | 北京

目 录

欢迎来到
大猫的世界！

我的名字叫泰厄斯·D.威廉姆斯。我是一个专门研究野生动物的科学家，主要研究食肉动物，就像我们即将在这本书中认识的各种大猫。当我还是小孩子的时候就深深地迷上了大猫，不仅因为它们是能力非凡的美丽生物，更因为在它们生存的严酷环境中，它们都扮演着重要角色。

从非洲平原上称雄的狮子，到在亚洲连绵的雪山顶穿梭的雪豹，我将带你们看看这些神奇大猫是怎样度过它们的一天的。它们有些会在清晨早早起床，有些会在白天打个小盹儿，还有的在夜晚分外活跃。在本书的最后，你还将见证令人难以置信的狩猎技巧，妈妈与宝宝相亲相爱的甜蜜时刻，以及惊心动魄的殊死搏斗。

大猫是一种令人着迷的动物。它们是那么的凛然不可侵犯，然而在这个日新月异的世界中，很多大猫正面临丧失家园和被猎捕的威胁。不过，我们可以团结起来，去保护这些大猫和它们的家园，共同创造一个与这些威风凛凛的生物和平共处的未来。

泰厄斯·D.威廉姆斯

来见见这个大家庭

狮子

老虎

所有的野生大猫都属于猫科动物，拥有共同的祖先。在漫长的岁月中，大猫们进化成了不同的物种。但直到今日，你仍然能看到它们之间的种种共同特征。

雪豹

花豹
（金钱豹）

美洲豹

猎豹

美洲狮

猫亚科

在大猫家族中，
猎豹和美洲狮可以说是自成一派。
它们共同的祖先
生活在大约 490 万年前。

豹亚科

这一支大猫家族大约在 640 万年前形成，
包含上方所示的五种大猫。

家庭树

在数百万年的进化中，
拥有共同祖先的大猫们渐渐分化成不同的物种。
我们并不知道它们共同的祖先到底长什么样！

家猫

你有没有想过你家那只毛茸茸的小家伙的起源呢？其实，家猫与凶猛的大猫们有着共同的祖先。大约340万年前，它们开始从共同的谱系上分道扬镳。貌似温顺可爱的家猫与它们体格巨大的近亲一样，也是狩猎好手。（去问问你家门前的小鸟就知道了。）

已灭绝的猫科动物

剑齿虎，是一种生活在300万年至1万年前的史前猫科物种。在灭绝之前，它们曾经大摇大摆地漫游世界。而使它们消失的罪魁祸首，很可能就是早期的人类狩猎。剑齿虎是猫科动物进化中的一个旁支。

按兵不动

这是喜马拉雅山脉一个空气清爽的早晨，这片山脉在亚洲中部连绵耸峙，四下寂静无声。一头雌性雪豹在山脊散步时邂逅了一只捻角山羊，这是一种大型野山羊。如此美味在这山沟里实属罕见，雪豹不禁眼前一亮。雪豹用她那身银灰色的皮毛作为雪地中的掩护，放低身体小心前行，她蓄势待发。

雪豹长着毛茸茸的大脚，就像穿着厚厚的雪地靴，她的脚步因而变得轻不可闻。她缓缓地向前移动着，然后猛然一跃，扑向那毫无防备的山羊！即使猎物已然触手可及，雪豹依旧需要谨慎行事，在这片陡峭的山脉上狩猎，必须做到精准无误。一旦失足，就很可能跌入 90 米深的深渊。

雪豹是动物王国里的跳远冠军。

双猫记

美洲狮又被称作山狮。

在落基山脉的腹地，科罗拉多冷飕飕的山峰上，一只年轻的雄性美洲狮正对着面前壮丽雄伟的景色放声呼嚎。他希望其他美洲狮都能意识到，这是他的地盘——可别说我没有提醒过你！

美洲狮是美洲体形最大的猫科动物，相比于狮子和老虎，徒有"狮"名的美洲狮与猎豹的亲缘关系更近。在野外见到一只美洲狮是十分幸运的。不过，雪山并不是唯一可以找到它们的地方。

在美国佛罗里达州闷热潮湿的沼泽地深处，一头雌性美洲狮正在行动。她在盘根错节的热带植物中蹑手蹑脚地穿行，为下一顿寻找食物。运气好的话，她也许能遇到一只美味的浣熊。

沿途她会偶尔停下来，对着树干和灌木喷射尿液。她在用气味来标记自己领地——家猫大概也做过类似让你头疼的事情吧！美洲狮并不能像其他大型猫科动物那样咆哮，它们会通过尖锐而刺耳的叫声来与彼此交流。

10:00

熟悉的气味

在印度北部的大平原上，一只巨大的雄性老虎正在森林里穿梭巡行。这只老虎正值盛年，青春洋溢，强壮无比，并且充满好奇心。对于任何有可能出现的、胆敢挑战他的家伙，他可没有半点儿畏惧。

老虎悄无声息地行走于丛林之中，任何潜在的猎物都几乎无法觉察到他正慢慢逼近。他橘色的皮毛和黑色的条纹隐没在长长的草叶和纷乱的树叶间，他的轮廓已经与背景融为一体。

没有两只老虎拥有一模一样的条纹。

突然，老虎在一棵散发着刺鼻味道的树前驻足。他被这特别的气味吸引，凑近深深吸了一口气，开始了他的侦察活动。这丝气味似曾相识，然而他与留下这气味的老虎的交往，早已是陈年往事了。

老虎在树干底部留下了自己抓挠的印迹，作为对前一只老虎遗留信息的回应。然后，他留下了尿液，向那可能会再度经过这里的神秘过客表明，他也曾到此一游。

11:00

放松一下吧!

在南美洲亚马孙雨林中，一只美洲豹正在树梢小憩。他有些特别。与绝大多数身着布满黑色斑点的金色大衣的豹子不同，罕见的疾病使他拥有一身漆黑的皮毛——他是一只黑豹! 而这正是他在暗夜捕猎时得天独厚的优势。

然而昨天晚上，这只黑豹空手而归。现在，他在树荫下打起盹儿来。野生的猫科动物需要时不时地小憩一会儿，好为一些重要的活动储存体力，比

与此同时……

在非洲，狮子、大象和水牛聚集到一处水源处喝水。各种各样的物种和平共处的景象，在非洲大地上并不罕见，尤其是在大家都口渴的时候。

如狩猎或者长距离远行。美洲豹是天才的攀登者，它们常常选择在高处休息，以免被打扰清梦。

在我们的黑豹舒舒服服地睡了几个小时之后，他将重新出发。或许这一次，他能找到一些食物……

大猫研究

超级速度

大猫们身体苗条，肌肉发达，天生就是奔跑健将。它们可以对猎物穷追到底，也能以瞬间爆发的速度把毫无防备的动物打个措手不及。

天生的猎手

经过数百万年的优胜劣汰、自然进化，大猫们逐渐成为致命的杀手。它们具备了一切所需的武装，使狩猎这件事成了小菜一碟。大猫们同时拥有速度、力量和敏捷性，是食物链顶端无可匹敌的大佬。

火眼金睛

狩猎的最佳时机是晚上，因为这个时候不仅有更多的藏身之处，也更难被猎物发现。大猫们不仅有着超乎寻常的视力，还有着与生俱来的夜视能力。

强壮有力的颌骨

大猫最强有力的工具之一就是它们的颌骨。它们强大的咬合力使那些不幸的猎物粉身碎骨。

敏感的胡须

胡须赋予大猫们超乎寻常的敏锐触觉，为它们探路起到举足轻重的作用。如果大猫们需要钻进狭窄的通道，它们可以用脸上伸展的胡须来测量空间的宽度。

来，张大嘴！如果没有长而锋利的牙齿去啃咬，不就浪费了这强壮的颌骨吗？

利爪

绝大多数大猫都拥有锋利的尖爪，在不使用它们时，还能方便地收缩起来。这些利爪使大猫们可以轻松地爬树，或是抓牢被它们扑倒的猎物。

超级弹跳

雪豹有一对弹跳能力超强的后腿，一步就能跳出至少 15 米之远，然后身轻如燕地飘然着陆。

雪豹的角斗

雪豹不会大声咆哮，它们只会冲着彼此低吼。

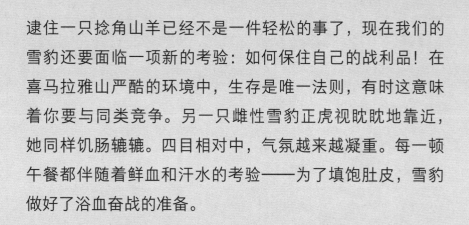

逮住一只捻角山羊已经不是一件轻松的事了，现在我们的雪豹还要面临一项新的考验：如何保住自己的战利品！在喜马拉雅山严酷的环境中，生存是唯一法则，有时这意味着你要与同类竞争。另一只雌性雪豹正虎视眈眈地靠近，她同样饥肠辘辘。四目相对中，气氛越来越凝重。每一顿午餐都伴随着鲜血和汗水的考验——为了填饱肚皮，雪豹做好了浴血奋战的准备。

雪豹们试探地围着对方慢慢转圈，同时发出刺耳的嘶叫。然后，在一连串迅疾的动作中，我们的雪豹充分地利用她弹跳力十足的后腿扑向这个胆大妄为的挑战者。这么辛苦得来的一顿午饭，她才不会轻易地拱手相让呢。雪豹发出令人胆战心惊的嘶叫，挥舞着宽大的爪子，很快就让对手哪儿来的回哪儿去了。我们的英雄舔舔伤口，对着自己的战利品埋头苦干起来。真是一波三折啊！

藏起猎物

现在是东非国家肯尼亚的午餐时间。一只母花豹在一上午的狩猎后满载而归,现在她要享受美妙的午餐了。豹与其他猫科不同,它们会不辞辛苦地将自己的猎物运到树上。在这里,其他饥饿的捕食者,比如土狼、狮子或者野狗,可别想碰她的午餐。

这只花豹不费吹灰之力就把她的美餐——一只可口的羚羊送上了树梢。虽然花豹的体形比狮子小了一大截,但它们却拥有得天独厚的强大的咬合力和发达的肌肉。把羚羊这样的大型动物拽上树干,对花豹来说并不是一件难事。

花豹奋力倒着爬上树,不时发出几声低沉的哼哼声。避开了耀眼的日光,终于可以放松下来了,她开始心满意足地享用起这顿美餐。

与此同时……

一只恒河鳄——鳄鱼家族的成员之一,正懒洋洋地在河边晒着日光浴。突然,它机警地意识到一只老虎正沿着河岸向这边走来。恒河鳄立刻扎入水中。看来这只鳄鱼深谙小心驶得万年船的道理。

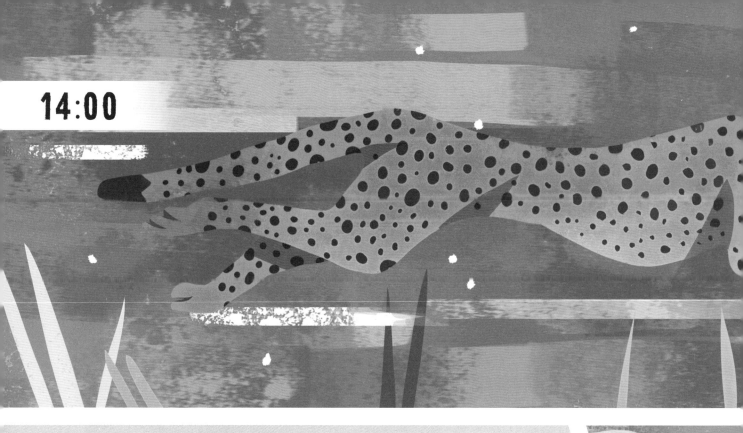

追逐白热化

非洲的稀树草原快在耀眼的日头下被晒化了，一道模糊的色彩闪过。一头猎豹正在紧紧追逐着猎物！这头母豹目不转睛地盯着一头羚羊。这位伟大的妈妈不仅仅在为自己狩猎，她的肩头还担着家庭的重担——她还有三只嗷嗷待哺的宝宝。

猎豹身体健壮，并且有着为极速奔跑而生的完美体型，但这种极速奔跑只能维持几秒钟。如此迅速地奔跑十分消耗体力，因此猎豹的耐力并不好，这意味着它们要利用好宝贵的每一秒。在这头猎豹冲刺的时候，她用尾巴保持平衡，扭动、旋转，好跟上飞速奔跑的羚羊。即将追上羚羊的一刻，猎豹从后方飞身扑向她的猎物，两只动物滚作灰扑扑的一团。当然，幸运的是，今天猎豹一家的晚餐有了着落。

猎豹是地球上跑得最快的陆生动物，时速可达到 110 千米 / 时。

在母猎豹捕食时，猎豹宝宝们从远处观望着，留心躲避其他的捕食者。

15:00

水面出击

在雨林中，危险总是如影随形。黑豹高居食物链的顶端，他没什么好怕的。现在他饿了。溜达到河畔后，他站在岸边，眼前景色尽收眼底。

水中有一只黑凯门鳄，这是鳄鱼家族中的另一名成员。它无忧无虑地游着，丝毫没有留意到河岸上那只虎视眈眈的深色野兽。黑豹满怀期待地蜷缩起身体，然后，就在那精准的一刻，他猛地扎入水中，向鳄鱼扑去！两只动物一齐沉入水中，从我们的视野中消失不见了。

几分钟过去了，伴随着一阵巨浪，黑豹跃出水面，嘴里正衔着那只凯门鳄！

可怜的凯门鳄还在徒劳地挣扎，然而它的命运已经注定了。美洲豹的咬合力是如此之强，什么猎物都不可能从他的口中逃脱。他是当之无愧的丛林之王。

大猫研究

猫的世界

从沼泽到沙漠，从山峦到雨林，我们的大猫可以说无处不在。在漫长的进化中，大猫们学会了适应各种千差万别的生存环境。

按体形排一排

大猫们并不是都一般大小。老虎和狮子是猫科动物中的大块头，和它们相比，猎豹和雪豹则要小得多。

老虎　　　　　　　　狮子

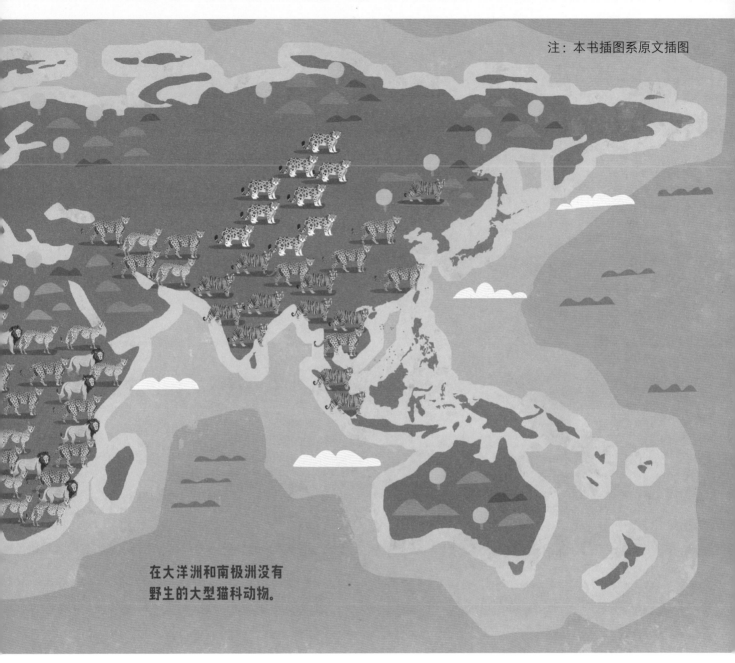

注：本书插图系原文插图

在大洋洲和南极洲没有野生的大型猫科动物。

美洲豹　　　　花豹　　　　美洲狮　　　　猎豹　　　　雪豹

偷晚餐的贼

夕阳从炎热的非洲稀树草原上渐渐下沉，三头母狮因为刚刚围捕了一匹斑马而累得气喘吁吁。然而,胜利的满足感总是短暂的,一群斑鬣狗不请自来,为的就是这免费的晚餐。

鬣狗看上去像狗,但其实与獴是近亲。在非洲大地上,尽管狮子是体形最大的食肉动物,它们的数量却并不是最多的。一个鬣狗家族里有上百个成员,它们并不畏惧与狮子正面交锋。

狮群被嗥叫的鬣狗团团围住，战斗还是退缩？她们需要作出选择。下次也许就是狮子从鬣狗嘴里抢吃的了。在这性命攸关的时刻，她们懂得实在不值得为了一顿饭而丢了性命，于是便迅速地撤退了。

重逢一刻

老虎慢慢地游过湿地里的河流，群鸟扑棱扑棱飞过树梢。游到河对岸后，老虎抖掉浑身上下的水珠。很快，他又辨认出那一丝他追踪了好几公里的气味。

最终，他找到了这气味的来源，那是他的亲妹妹！这是他们自幼年分别后第一次重逢。和他们的姐妹不同，雄虎会更早地离开虎妈妈，赤手空拳地在这个世界上立足。虽然很久不见，但他从来没有忘记妹妹的气味。短暂地互相碰了碰鼻尖后，这对兄妹便再次分道扬镳了。成年后的同胞老虎，彼此的领土可能会重叠，然而这样的邂逅依然弥足珍贵。

与此同时……

我们的黑豹撞见一只貘宝宝。幸运的是，这只年轻的豹子已经被凯门鳄撑得饱饱的，小貘得以逃过一劫，完好无损地回到貘妈妈身边。

小豹子们的战争游戏

随着一声怒吼，一只猎豹幼崽扑向她的兄弟。小猎豹们滚作一团，猎豹妈妈却在一旁冷眼看着。此刻，战争游戏看上去只是无伤大雅的娱乐，但却能在猎豹们长大后起到生死攸关的作用。猎豹可以在游戏中学习如何扑倒并抓牢对方，将狩猎技巧磨炼得炉火纯青。

在不远处高高的草丛中，一只山魈正经过。这可是潜在的危险——猎豹幼崽在这类动物面前不堪一击，尤其是在妈妈出门打猎无法贴身照顾的情况下。猎豹幼崽们若想安全地长大，需要牢牢守在妈妈身边，直到他们有能力照顾自己。当然，成年猎豹足够威慑住山魈，使它不敢轻举妄动。猎豹宝宝们此刻暂时安全了。

狮子、鬣狗和花豹都会捕食猎豹的幼崽。

与此同时……

我们的美洲狮正在佛罗里达大沼泽中漫步，她偶遇了一条缅甸蟒。这种大蟒并不是美国本土的动物，它们是曾被人类豢养，后来落跑的宠物！

野狗围攻

非洲有许许多多的食肉动物。如果你自以为能神不知鬼不觉地独自享受完美大餐，可就大错特错了。填饱了肚子后，树上的花豹开始打起盹儿来，然而安宁的一刻总是短暂的。非洲野狗留意到花豹的残羹剩饭，此刻它们正饥肠辘辘。野狗们团团围住这棵树，对着花豹狂吠起来，试图把她从自己辛苦得来的晚餐前吓跑。这头花豹虽然形单影只，但她却有一个无可比拟的优势——野狗不会爬树。

花豹终于受够了非洲野狗无休止的吠叫，她跃到离地面很近的一根树枝上，对着野狗们怒吼起来。在你来我往的一段"唇枪舌战"之后，野狗们终于意识到抢到肉的希望是如此渺茫，便仓促地败下阵来。

与此同时……

雪豹正从一处较高的山丘上耐心地窥视着一群岩羊。

藏好了

作为"躲猫猫"的大师，大猫们不仅有高超的藏匿技术，还有另一样秘密武器，那就是它们的皮毛！每一个家族成员都拥有能让自己与环境融为一体的外衣. 那些令人眼花缭乱的旋涡、斑点和条纹！

狮子

非洲的狮子有着沙漠黄的外衣和奶油色的腹部，如同非洲稀树草原的一角。

大猫研究

美洲豹

美洲豹拥有明亮的金色皮毛和内有点点的黑色环状斑纹。每只美洲豹的斑纹图案都是独一无二的，就如同我们人类的指纹！

猎豹

猎豹是大型猫科动物中唯一有着实心圆斑点的。猎豹飞奔时，这些斑点看上去会变为黑色与金色模糊的一团。

老虎

老虎是大猫中唯一有条纹的，这些条纹是它们躲藏在草丛时的绝佳伪装。

雪豹

雪豹有着灰白色的皮毛、旋涡般的黑色圆形斑点和白色的腹部，几乎与中亚高原上白雪皑皑的大山融为一体。

花豹

花豹的斑点与美洲豹相似，但它们的环状斑点中没有黑点。

美洲狮

成年美洲狮有浅棕色的皮毛和浅色的腹部。而它们的幼崽在出生时是长着黑色斑点的，这可以帮助它们更好地隐藏自己。

向农场靠近

天色已晚，而我们的这只老虎饿了。迈出丛林的那一刻，他看到一片农场，那里有很多无忧无虑的奶牛在吃草，这对于老虎来说是很危险的，对住在附近的村民亦是如此。正如许多捕食动物一样，老虎是十足的机会主义者。他会为了一顿晚餐而不择手段，尤其是在这群牛看上去唾手可得的时候。

可农场主们却承受不起失去这些牛的后果，他们还指望着它们来养家糊口呢，哪怕这意味着他们要冒着生命危险与老虎搏斗。老虎的身影暴露了，农场主们立刻聚集起来制造出各种噪声，将这个捕食者赶回丛林。可怜的老虎没能享受到他的晚餐，不过他捡回了一条命，毕竟来日方长。

保护老虎最好的方法就是保护好它们的栖息地，这样它们就不用被迫跑出来与人类接触了。

对于老虎来说，人类可是一种实实在在的威胁，于是他立刻乖乖地原路返回了。

等到小鹿觉察到美洲狮的存在,已经太晚了。

夜间狩猎

嘘——别动！要纹丝不动……狩猎时，做到神出鬼没和悄无声息至关重要。

幸运的是，我们的这两只美洲狮都很擅长在不同环境中狩猎。他们一只正躲藏在山峦中的一棵树上，另一只则潜伏在佛罗里达大沼泽地的灌木丛中。

美洲狮充分利用了"反荫蔽"的保护色，它们背部和腹部的颜色是不一样的。它们的背部是棕色的，而腹部则是白色的，这能帮助它们隐藏在树丛中。白天，在日光的照射下，猎物很难从树下发现它们。而到了夜晚，它们深色的皮毛则完美地融入夜色中。

美洲狮的这些优势加起来，对于那头驼鹿和小鹿来说可不是什么好消息……

反荫蔽在动物界中并不罕见，你也可以在企鹅和鲨鱼身上看到这一特征。

不速之客

非洲平原上实在是危机四伏，即便对于狮群来说也是如此。狮子睡觉时，幼崽们在妈妈身边挤作一团，以求保护。突然，一个入侵者的身影出现在地平线上，明显来者不善。

一只独行的公狮正在寻求他的王者之位，在比较了眼前这些狮子的个头之后，他觉得自己还是有机可乘的。当然，他首先需要打败这个群落里的雄狮，而后者很快就注意到了这个不受欢迎的入侵者。

一场巨人之战爆发了！如雷的咆哮声在温热的稀树草原上空回荡。如果这只独行的狮子能打败他的对手，他将击退母狮们，杀掉她们的幼崽，然后建立属于自己的狮群。生存就是一切，这只狮子为了获得权力会不择手段。不过幸运的是，狮群的雄狮早已做好了战斗的准备，用自己的实力和攻击战胜了挑战者。年轻的雄狮铩羽而归，狮群安全了。

这头独行的雄狮试图在草丛中潜行，然而它还是被发现了。

消失的森林

暗夜中，黑豹从灌木丛中钻出来。时间流逝，这个被他看作"家"的丛林已经不是昔日的模样了。他走进一片空地，这里曾经树木丛生，昆虫、猴子和鸟类穿梭其间，热闹非凡。然而现在，这里只剩下一片废墟诉说往事。遍地是凌乱的原木和树桩，人类为了出售木材刚刚将树木砍伐。

这就是森林砍伐，对自然生态有百害而无一利，也使动物们失去了食物的来源和栖息地。要到数百年之后，这里才能重新长出一片森林。亚马孙流域拥有这个星球上最大的雨林，那里生活着地球上超过百分之十的已知物种，而这片雨林正在渐渐消失。

亡羊补牢，为时未晚。我们依然可以拯救我们的森林。有了更好的森林保护机制，动物们，比如我们的黑豹，就可以在野外继续过着自由自在的生活。我们需要下一代人投入保护地球的行动中。为了雨林，你愿意加入这场保卫战吗？

图书在版编目（CIP）数据

大猫的一天 / (美) 泰厄斯·D. 威廉姆斯著 ; (印)
查娅·普拉巴特绘 ; 裴黎璟译 . -- 北京 : 中信出版社，
2022.7
（动物的一天 : 大猫、虫虫和鲨鱼，从早到晚忙什
么？）
书名原文 : A Day in the Life: Big Cats
ISBN 978-7-5217-4371-5

Ⅰ . ①大… Ⅱ . ①泰… ②查… ③裴… Ⅲ . ①猫科—
儿童读物 Ⅳ . ① Q959.838-49

中国版本图书馆 CIP 数据核字 (2022) 第 077132 号